杂交稻单本密植
大苗机插栽培技术

黄 敏 邹应斌·著

中南大学出版社
www.csupress.com.cn

·长沙·

序　言

　　杂交稻技术是中国自主创新并领跑世界的一项重大成果，为保障国家粮食安全做出了巨大的贡献。20 世纪 70—90 年代，杂交稻的种植以人工育苗移栽为主，劳动强度大。但随着城镇化进程的不断加快，农村青壮年劳动力大量向城镇转移，促使水稻种植方式发生了转变，出现了多种以减少劳动力和劳动强度为目的的栽培方法，如塑盘育秧抛秧栽培、撒直播栽培。这些方法虽然在一定程度上缓解了农村劳动力短缺和结构不合理的压力，但却带来了大田用种量增加等问题，严重制约了杂交稻技术的发展，导致中国杂交稻种植面积出现了连年下滑的现象。

　　近年来，随着农业机械化进程的加快和作物生产规模的扩大，机插栽培在水稻生产中的应用越来越广泛。但采用常规机插栽培方法种植水稻存在很多问题，如大田用种量大、秧龄期短、秧苗素质差、双季稻品种生育期不配套等，这些问题已成为制约机插杂交稻发展的重要因素。

　　针对上述问题，笔者带领团队在国家"2011 计划"南方粮油作物协同创新中心、国家重点研发计划课题（2017YFD0301503）、国家水稻产业技术体系栽培与土肥岗位科学家项目（CARS - 01）、湖南农业大学"双一流"建设项目（KXK201801001）等的资助下进

行研究，明确了单本密植是实现杂交稻丰产增效栽培的一种有效途径，建立了杂交稻单本密植大苗机插栽培技术，为转型期杂交稻丰产增效栽培提供了技术支撑。

为进一步推进杂交稻单本密植大苗机插栽培技术在生产上的大面积应用，特编写本书，供从事水稻栽培技术推广的农技人员、水稻专业合作社技术人员、水稻种植大户等参考。全书共分4章，第一章分析转型期作物生产面临的机遇与挑战，第二章探讨杂交稻丰产增效栽培途径，第三章介绍杂交稻单本密植大苗机插栽培技术，第四章提出关于推进杂交稻商品化育秧的思考。

由于时间仓促，书中难免存在错误或疏漏之处，敬请读者批评指正。

编者

2019 年 9 月

目　　录

第一章
转型期作物生产
面临的机遇与挑战

中国以占世界7%的耕地养活了占世界22%的人口，创造了"世界奇迹"。但随着社会经济的发展，农村出现了劳动力短缺、劳动力结构老龄化等一系列问题，美国布朗先生担忧的"谁来养活中国人"变成了"谁来耕种中国田"。中国作物生产也因此步入了由传统手工劳动为主的小规模生产向机械化、集约化、信息化程度高的适度规模化生产过渡的转型期。这使我们进一步认清了转型期作物生产发展模式对促进作物生产发展和保障国家粮食安全具有重要意义。

一、转型期作物的生产特征

转型期中国作物的生产具有以下三个特征：第一，随着农村城镇化的推进和发展，农村劳动力尤其是青壮年劳动力加速向城镇转移，导致从事作物生产的劳动力日益缺乏，进而促使一家一户的传统分散型种植方式正逐步向规模化、机械化、信息化的现代作物生产方式发展，并形成了种植大户、专业合作社等多种新的作物生产组织方式；第二，随着人们生活质量的提高，以解决温饱为目标的数量高产型作物生产正逐步向质量效益型作物生产发展，优质、高产、高效兼顾绿色、环保已成为作物生产的新目标；第三，随着耕地的连年减少、人口的刚性增加，作物生产模式正从单纯提高单位耕地生产率向同步提高单位耕地生产率与人均劳动生产率转变，并将逐步形成新的作物生产发展模式。

国外发达国家的现代作物生产模式主要有两种：一是人少地

多的美国、加拿大模式，即以大面积耕地和大量技术、资金投入的规模化作物生产模式，着重于提高人均劳动生产率；二是人多地少的欧洲、日本模式，即以劳动、技术、资本的密集投入和原材料、自然资源合理配置的集约化作物生产模式，着重于提高单位耕地生产率。根据中国当前的实际情况，中国作物生产应将上述两种模式有机地结合起来，形成具有中国特色的作物生产发展新模式，即集约规模化，以集约化作物生产为主，向规模化作物生产发展，实现单位耕地生产率与人均劳动生产率同步提高的目标。

二、转型期作物生产发展的机遇

随着作物品种的改良、栽培管理技术的进步、化学肥料等农资的足量供应，中国作物生产能力已得到了稳步的提高，在 20 世纪 80 年代温饱问题就已基本得到解决，在 20 世纪 90 年代还出现了卖粮难的情况。进入 21 世纪以来，中国粮食作物生产在经历一个短暂的低谷后实现了连续 12 年增产，不仅粮食安全有了稳定的保障，也为中国作物生产转型奠定了坚实的基础。

在由传统作物生产向现代作物生产发展的过程中，中国的作物生产已实现了三个转变：第一，由于农村劳动力特别是青年劳动力向城镇的转移，作物生产实现了由以人工劳动密集型的分散式精耕细作栽培，向以省工简便栽培的适度规模化生产的转变；第二，由于农业机械、农田改造及其机械与农艺技术融合发展，生产上实现了由以人工劳动和畜力耕地为主，向以耕田机、播种机、施肥机、施药机、收割机等机械化作业为主的转变；第三，由于化学肥料的足量供应，作物生产实现了由有机肥料施用为主向以化学肥料施用为主的转变。上述转变的实现为转型期作物生产积累了宝贵的经验。其中，值得一提的是，由于优质有机肥料资源缺乏和有机肥施用所需劳动力成本太高，且研究证明作物生产中化肥的合理施用并不会造成土壤板结、土壤有机质含量下降等问题，因此转型期作物生产还将以化学肥料施用为主。但在南方部分地区，猪粪等畜禽粪便已成为环境污染的重要来源，当地政府应在政策上给予适当的扶持，积极创造条件将猪粪等畜禽粪便变成简易有机肥进行应用，变废为宝。

另一方面，随着社会经济的发展，中国已经实现了由以农业经济为主的"以农补工"向以工业经济为主的"以工补农"的历史性转变，具体表现在以下方面：一是政策惠农，包括农业免税、农业保险、粮食直补、农机补贴、粮食最低保护价收购等，已惠及亿万农民；二是政府给力，包括耕地承包权、经营权、管理权的分立，为规模化种植大户、专业合作社等作物生产组织方式的发展提供了法律保障；三是技术进步，包括作物生产的机械化、信息化等，既提升了作物生产技术，又加速了作物生产—流通—市场一体化的进程。此外，大量民间资本转向投资作物生产也是"以工补农"的重要体现。上述转变无疑为促进中国作物生产向规模化、集约化发展创造了新的机遇。

三、转型期作物生产发展的挑战

中国由于人口多、人均耕地少，实现作物"高产更高产"不仅是科学家追求的目标，也是各级政府积极倡导的方向。这在温饱问题未得到解决、粮食供给处于紧平衡的时期正确无疑，但随着经济的发展，消费者对优质农产品的需求越来越高。此外，"高产更高产"的目标指导下的作物生产不仅投入大、效益低，而且抗灾能力脆弱。然而实际上，当前农户对作物生产目标的重视程度首先是利润最大化，其次是减少劳动力的投入和规避风险。其中专业农户更偏重利润和风险，兼业农户更重视减少劳动力。对优质农产品需求的增加不仅导致作物生产目标从以往的单纯追求高产转变到目前的质量与效益并重（即优质高产），并且导致作物种植方式发生了根本性变化，表现为直播、机插等轻简化、机械化的种植方式的迅速发展。作物生产技术的转型不仅导致多熟制作物生育期缩短、大田种子用量增加，还由此带来了作物杂种优势利用价值的下降，这也正是作物生产发展亟需解决的三个科学问题。

（一）多熟制作物生育期缩短

多熟制作物生育期缩短的原因主要来自两方面：一是由于作物的种植方式由传统的育苗移栽发展为直播栽培或者机械移栽（水稻），而直播栽培的生育期一般要比育苗移栽缩短 30 d 左右（表 1 - 1），即便是机插栽培（水稻秧龄期 15 ~ 20 d）也比育苗移栽缩短 10 ~ 15 d；二是在规模化生产条件下，多熟制作物（稻 -

稻、稻-油、稻-麦、稻-稻-油等）的茬口农耗时间延长，导致作物的生育期进一步缩短。对于双季早稻-绿肥（紫云英）的生产方式，由于双季早稻采用直播或机插栽培需要提早至 3 月下旬翻耕稻田，导致冬季绿肥的生育期缩短约 30 d。

表 1-1　长江中下游地区不同种植方式下多熟制作物的播种期和生育期

种植方式	种植制度	前茬作物		后茬作物	
		播种期（月/日）	生育期/d	播种期（月/日）	生育期/d
人工育苗移栽	早稻-晚稻	3/20—3/30	110~120	6/15—6/25	110~120
	中稻-再生稻	4/01—4/05	130~140	8/10—8/15	60~65
	中稻-油菜	4/10—5/20	135~150	9/05—9/15	215~230
	中稻-小麦	4/10—5/20	135~150	—	—
	春玉米-晚稻	4/01—4/05	110~120	6/15—6/25	110~120
	烟草-晚稻	12/15—12/30	185~200	6/15—6/25	110~120
人工直播栽培	早稻-晚稻	4/05—4/10	100~110	7/10—7/15	≤100
	中稻-再生稻	4/05—4/10	125~135	8/10—8/15	60~65
	中稻-油菜	5/10—4/20	125~135	9/25—10/10	190~200
	中稻-小麦	5/15—4/25	120~130	9/20—10/20	≤190
	春玉米-晚稻	4/05—4/10	110~115	7/10—7/15	≤100
	烟草-晚稻	—	—	7/10—7/15	≤100

（二）大田生产用种量增加

油菜、棉花等作物适应机械化收割，需要大幅度增加种植密度（通常采用直播栽培）以缩短开花期，提高成熟整齐度。种植密度的大幅度增加必然导致种子用量的大幅度增加，油菜、棉花的直播栽培是如此，玉米、水稻的直播及机插栽培也是如此（表1-2）。

表 1-2　长江中下游地区不同种植方式下作物的种植密度和用种量

种植方式	种植制度	种植密度/（10³ 穴·hm⁻²）	用种量/（kg·hm⁻²）	
			常规种子	杂交种子
人工育苗移栽	油菜	30～45	1.5～3.0	≤1.5
	棉花	15～45	15～30	≤15.0
	水稻	180～360	45～60	≤22.5
	玉米	45～60	—	≤15.0
人工直播栽培	油菜	≥300	7.5～9.0	≤4.5
	棉花	67.5～180	45～60	≤30
	水稻	450～750	60～90	30～45
	玉米	120～150	—	30～45

（三）作物杂种优势的利用价值下降

在作物生育期缩短（早熟）的前提下，提高或维持较高作物产量最可能的技术途径是增加种植的密度，通过密植弥补生育期缩短（早熟），增加作物的干物质生产。生产上密植最简单的方法就是直播，但这会直接导致作物种子用量增加和生产成本的大幅度提高。另外，密植栽培还会直接制约棉花、油菜、水稻等杂交作物分枝（分蘖）优势的发挥。由此可见，早熟、密植栽培会带来作物杂种优势的利用价值下降的问题，并最终影响杂交作物生产的发展。

第二章
杂交稻丰产增效
栽培途径

杂交稻技术是中国自主创新并领跑世界的一项重大成果。国内外大量研究表明，与常规稻相比，杂交稻可增产 10% 以上。杂交稻技术在中国的大面积应用为保障国家粮食安全做出了巨大的贡献。但近年来，在大田用种量增加及杂交稻种子、化肥、农药等生产资料成本不断上涨的情况下，稻谷的价格却越来越低，导致了种植杂交稻的经济效益低微，严重影响了农民种植杂交稻的积极性。据统计，中国杂交稻种植面积自 1996 年起出现了连续下降，下降的速度约为 18 万 hm^2/a（$1\ hm^2 = 10^4\ m^2$）（图 2 - 1）。因此，探明既能发挥杂交稻产量优势又能减少生产资料等成本的栽培途径，研发杂交稻丰产增效栽培技术，对提高杂交稻生产效益和促进杂交稻生产的可持续发展具有重要的意义。

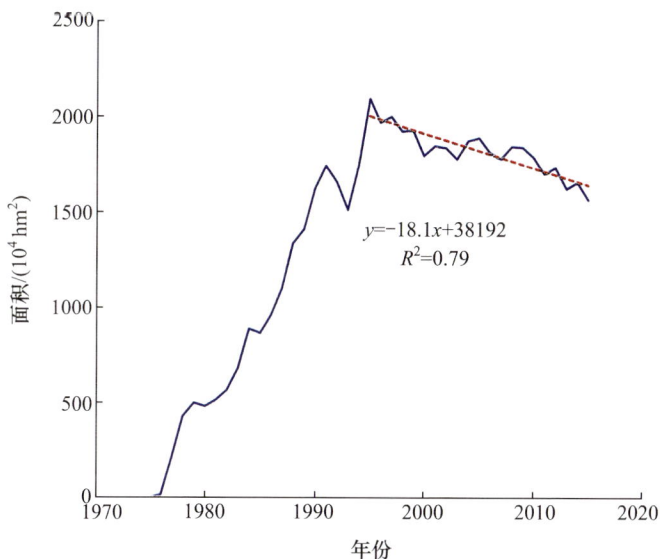

$y = -18.1x + 38192$
$R^2 = 0.79$

图 2 - 1　中国杂交稻种植面积变化

一、杂交稻密植机插丰产节氮途径

氮肥是重要的农业生产资料，对提高作物产量有重要作用。在过去几十年，中国对氮肥的消费成直线上升趋势，目前中国氮肥消费量占世界氮肥总消费量的30%左右（图2-2）。氮肥的大量施用不仅增加了作物的生产成本，也给作物生产的可持续发展带来了严峻挑战。

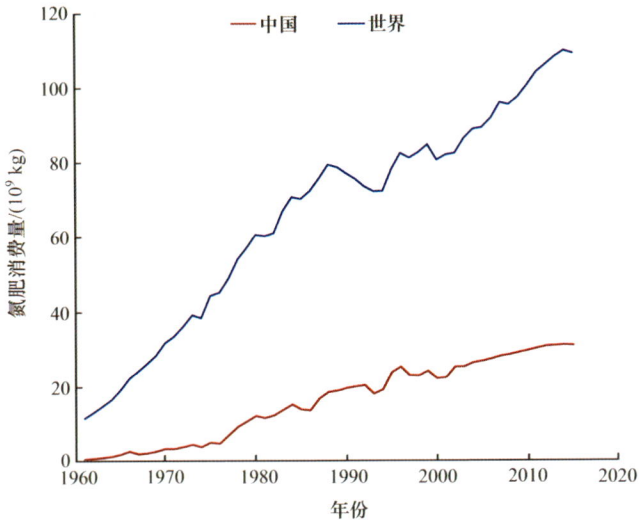

图 2-2　中国和世界氮肥消费量

中国水稻生产的平均施氮量为 180 kg/hm^2，比世界平均水平高 75% 左右。由于氮肥的大量施用，使得仅有 20% ~ 30% 的肥料氮被水稻植株吸收，而剩余的肥料氮大部分都流失到了环境当中。据估算，2011—2015 年中国水稻生产平均氮素损失量高达 260 万 t/a（图2-3），这不仅造成了资源的浪费，而且导致了土壤酸化、水体富营养化、温室气体排放和大气氮沉降日益增加等一系列环境问题。

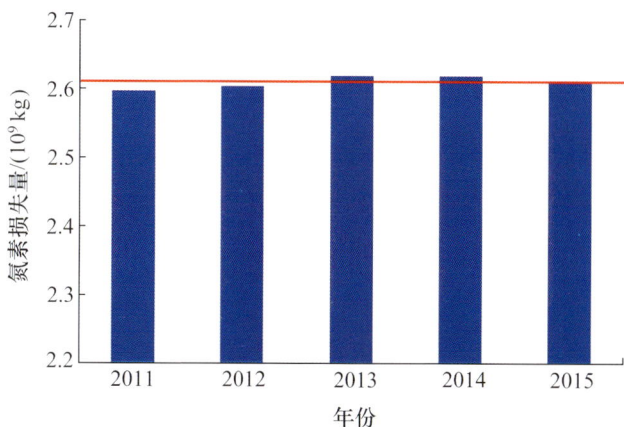

图 2 - 3　中国水稻生产氮素损失量

　　杂交水稻氮肥用量大主要与以下两个方面有关：一，农民普遍认为杂交稻需要施用更多的氮肥来获得高产；二，由于劳动力的短缺和劳动力价格的上涨，部分农民为减轻劳动强度、节省劳动力成本而采用减密增氮的方法栽培杂交稻。

　　为明确杂交稻是否需要施用更多的氮肥来获得高产，本团队分别进行了多项大田氮肥试验：2012—2014 年在贵州兴义以杂交稻品种两优培九、Y 两优 1 号、珞优 9348、五优 308 和常规稻品种黄华占、玉香油占为材料开展了大田氮肥试验；2015—2016 年在湖南宁乡以不同年代选育的代表性杂交稻品种两优培九（1996—2000）、Y 两优 1 号（2001—2005）、Y 两优 2 号（2006—2010）、Y 两优 900（2011—2015）和湘两优 900（2016—）为材料开展了大田氮肥试验。结果表明：（1）杂交稻品种（两优培九、Y 两优 1 号、珞优 9348 和五优 308）的施氮平均产量比常规稻品种（黄华占和玉香油占）的高 16%，平均基础地力产量比常

规稻品种的高 17%，而两者施肥增产量的差异无统一规律（表 2-1）；（2）随着选育年代的推移，杂交稻品种的施氮产量和基础地力产量呈显著的上升趋势，而施氮增产量的差异无显著变化趋势（图 2-4）；（3）杂交稻施氮产量与基础地力产量呈显著正相关，与施氮增产量呈显著负相关（图 2-5）。由此可见，杂交稻的高产主要与其利用土壤氮素能力较强有关，即，杂交稻并不需要施用更多的氮肥来获得高产。

表 2-1　杂交稻与常规稻品种的施氮产量、基础地力产量和施氮增产量

年份	品种	施氮产量/ (t·hm^{-2})	基础地力产量/ (t·hm^{-2})	施氮增产量/ (t·hm^{-2})
2012	两优培九	13.19	10.93	2.26
	Y 两优 1 号	13.30	10.58	2.71
	黄华占	10.93	9.22	1.70
	玉香油占	10.73	9.07	1.67
2013	两优培九	13.55	11.85	1.70
	Y 两优 1 号	13.99	12.16	1.83
	珞优 9348	13.24	11.25	1.98
	五优 308	13.52	11.19	2.33
	黄华占	11.75	9.79	1.96
	玉香油占	12.04	10.05	1.98
2014	珞优 9348	13.06	12.27	0.78
	五优 308	13.47	12.56	0.90
	黄华占	11.98	11.25	0.73
	玉香油占	11.77	10.09	1.68

(a) ○ 2015年 ● 2016年

施氮产量/(t·hm⁻²)

两倍优九　Y两优1号　Y两优2号　Y两优900　湘两优900

$y=0.392x+8.71$
$R^2=0.52$

(b)

基础地力产量/(t·hm⁻²)

两倍优九　Y两优1号　Y两优2号　Y两优900　湘两优900

$y=0.637x+5.21$
$R^2=0.67$

(c)

施氮增产量/(t·hm⁻²)

两倍优九　Y两优1号　Y两优2号　Y两优900　湘两优900

$y=-0.241x+3.50$
$R^2=0.20$

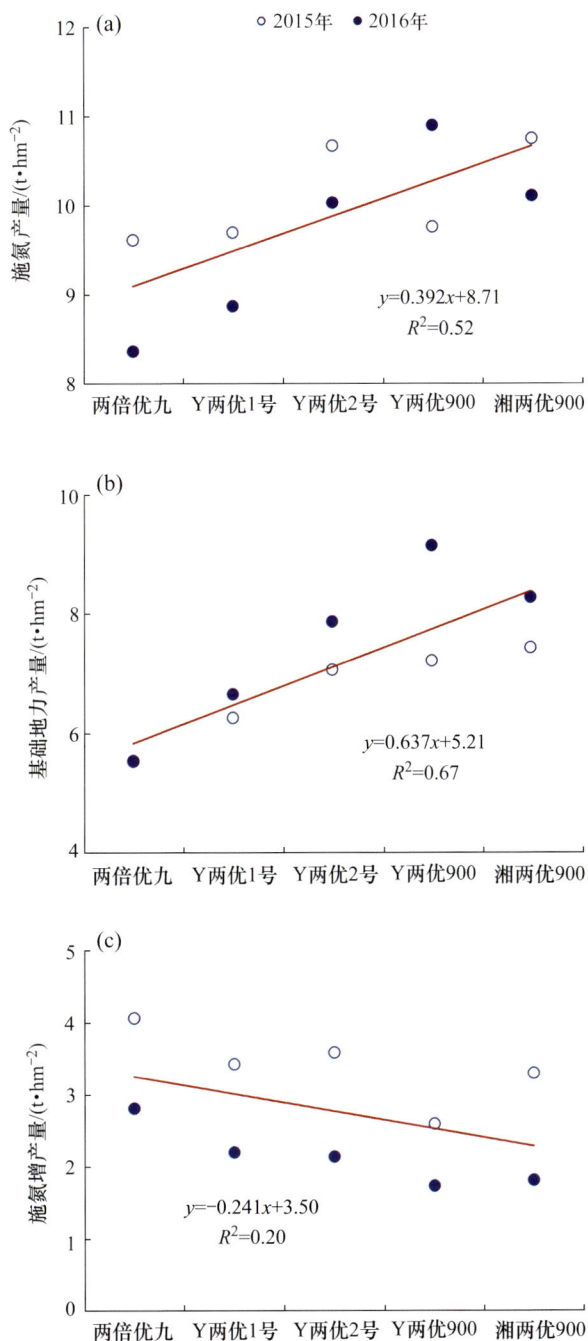

图2-4　不同年代杂交稻品种施氮产量（a）、
基础地力产量（b）和施氮增产量（c）的变化趋势

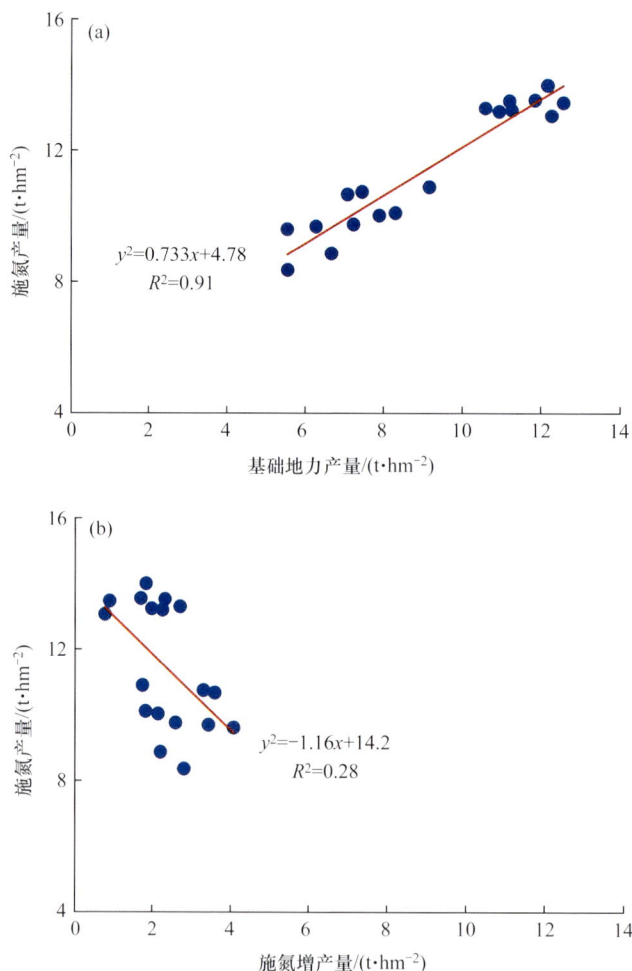

图 2-5　杂交稻施氮产量与基础地力产量（a）和施氮增产量（b）的关系

为探明施氮量和栽插密度对杂交稻产量的影响，本团队分别于 2012 年早、晚季在广西南宁以杂交稻品种深优 9516 和 Y 两优 087 为材料开展了大田氮肥密度试验；于 2012—2013 年在海南澄迈和湖南长沙以杂交稻品种 Y 两优 1 号开展了大田氮肥密度联合试验。试验结果表明：（1）在早季，杂交稻品种的低氮（165 kg/hm²）密植（30 cm × 10 cm）栽培的产量显著高于高氮（240

kg/hm^2）稀植（30 cm × 15 cm）栽培；而在晚季，杂交稻品种的低氮密植栽培与高氮稀植栽培的产量无显著差异（图 2 - 6）。

（2）增施氮肥（75 ~ 225 kg/hm^2）和增加栽插密度（14 ~ 40 穴/m^2）均可提高一季杂交稻的产量，且低氮密植栽培的产量与高氮稀植栽培的产量无显著差异（图 2 - 7）。由此可见，密植栽培是实现杂交稻丰产节氮的有效方法。考虑减少劳动力的投入，可通过发展密植机插栽培技术来实现杂交稻丰产节氮的目标。为验证其可行性，本团队于2014—2015年早、晚季在湖南浏阳开展了机插稻氮肥密度试验。结果表明，机插稻低氮（125 kg/hm^2）密植（25 cm × 11 cm）栽培与高氮（183 kg/hm^2）稀植（25 cm × 21 cm）栽培的产量无显著差异，且其氮素损失量比高氮稀植栽培的低40%（图 2 - 8）。综合来看，密植机插栽培技术是实现杂交稻丰产节氮的一条有效途径。

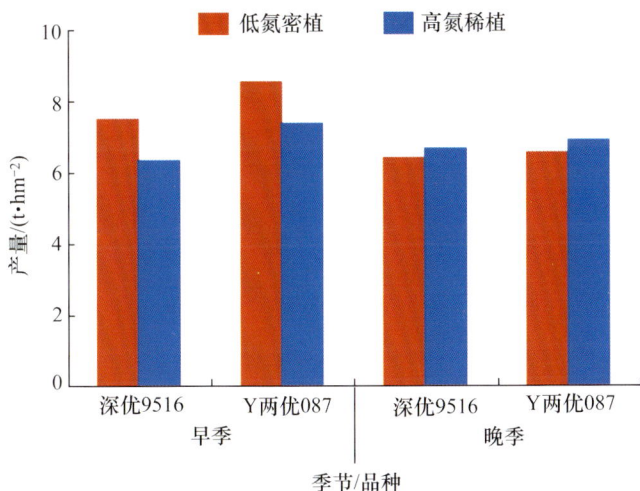

图 2 - 6 低氮密植栽培对双季杂交稻产量的影响

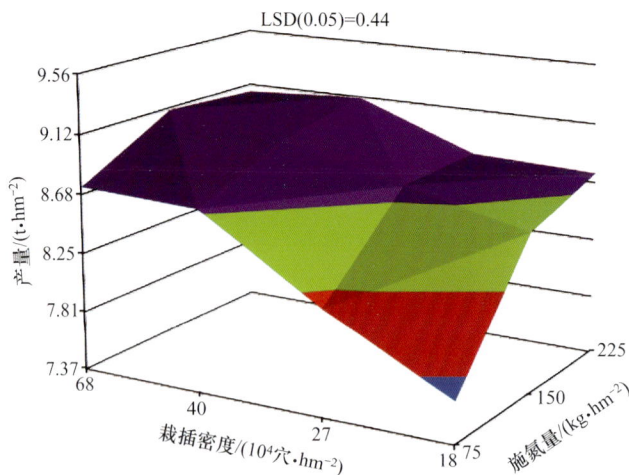

图2-7 施氮量和栽插密度对一季杂交稻产量的影响

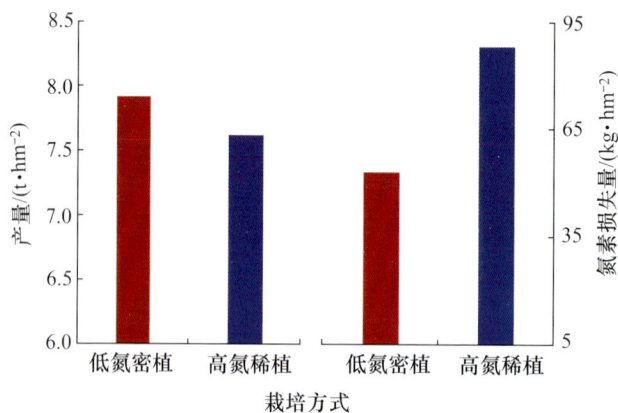

图2-8 低氮密植栽培对机插稻产量和氮素损失量的影响

二、杂交稻单本密植丰产节种途径

虽然采用密植栽培技术有利于减少杂交稻生产的氮肥用量，但它同时会导致大田用种量增加，进而促使杂交稻生产成本上升，影响杂交稻的发展。因此，减少密植栽培条件下杂交稻的大田用种量显得尤为重要。在不考虑种子发芽率和成秧率的情况下，杂交稻的大田用种量主要由栽插密度和每穴苗数决定，合理的基本苗配置（栽插密度和每穴苗数）是实现杂交稻丰产节种的重要因素。

为探明栽插密度和每穴苗数对杂交稻产量的影响，本团队于2012—2013年在湖南长沙和海南澄迈以杂交稻品种 Y 两优 1 号为材料开展了大田基本苗配置试验。结果表明，随着栽插密度（$14 \times 10^4 \sim 40 \times 10^4$ 穴/hm^2）和每穴苗数（1～3 苗/穴）的增加，杂交稻的产量呈增加趋势（图 2 - 9）。其中更值得注意的是，单本密植栽培（H40S1）杂交稻在基本苗数较少的情况下获得了较高的产量。由此可见，单本栽插是密植条件下实现杂交稻丰产节种的有效方法。但有个问题是，单本栽插杂交稻是否需要施用更多的氮肥来获得高产，为明确这一点，本团队于 2015—2016 年在湖南长沙以杂交稻品种两优培九和湘两优 900 为材料开展了大田氮肥试验。结果表明，在氮肥用量减少 20%～40% 的条件下，单本栽插杂交稻的产量仅减少了 4%～7%，减产不显著（图2 - 10）。由此可见，单本栽插杂交稻并不需要施用更多的氮肥

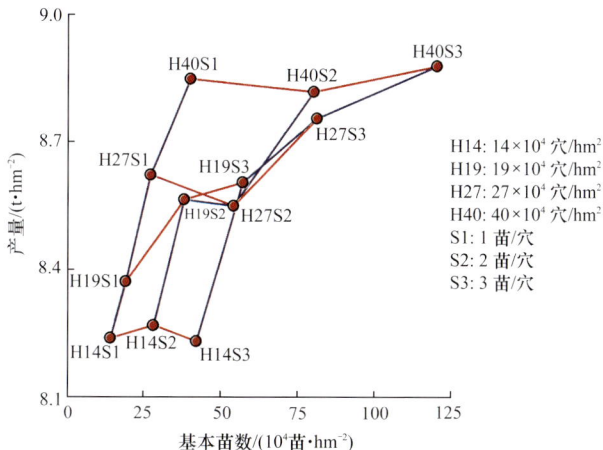

图 2 - 9　栽插密度和每穴苗数对杂交稻产量的影响

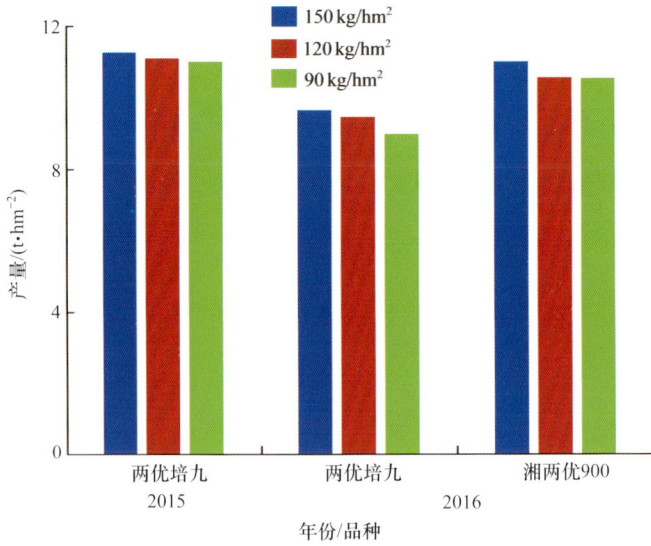

图 2-10 施氮量对单本栽插杂交稻产量的影响

来获得高产，这可能与杂交稻分蘖能力强的特点有关。综合来看，单本密植栽培技术是实现杂交稻丰产节种的一条有效途径。

第三章
杂交稻单本密植
大苗机插栽培技术

近年来，随着农业机械化进程的加快和作物生产规模的扩大，机插栽培在水稻生产中的应用越来越广泛，并在常规毯苗机插栽培技术的基础上研究形成了钵体毯苗机插栽培技术、钵苗机插栽培技术等机插栽培新技术。但目前还未见专门针对杂交稻的机插栽培新技术。据此，在研究明确了单本密植机插栽培技术是杂交稻实现丰产增效的有效途径的基础上（第二章），笔者带领团队运用现代作物栽培学、现代机械工程科学和现代种子科学的技术原理，开展了机械化种子精选、包衣、精准播种等技术与装备的研究，突破了单粒定位播种、单本成苗、少种盘根、大苗取秧等单本密植机插栽培技术的关键难点，最终形成了杂交稻单本密植大苗机插栽培技术，解决了杂交稻机插秧关于用种量大、秧龄期短、秧苗素质差、双季品种搭配难等的生产实际问题，为杂交稻的丰产增效栽培提供了技术支撑。

一、杂交稻单本密植大苗机插栽培技术的建立

（一）杂交稻单本密植大苗机插栽培的技术难点与解决途径

杂交稻单本密植大苗机插栽培技术的关键在于栽插环节，主要包含 3 个技术要点，一是单本机插，二是密植机插，三是大苗机插。其中，单本机插的难度最大，要实现单本机插必需的一个重要条件是播种要精确，做到单粒定位播种，即在插秧机每次取秧的部位精准地播放一粒种子。由于单本机插采用的是单粒播种，种子不发芽、不出苗或不成秧均会导致机插漏穴。因此，单本机插还需满足另外 3 个条件，一是种子的发芽率要高，二是出苗率要高，三是成秧率要高，即种子发芽率达到 98% 以上，出苗率达到 98% 以上，成秧率达到 98% 以上，以此保证机插漏穴率在

10%以下。为满足上述技术指标，通过开展机械化种子精选、包衣、精准播种等技术与装备的研究，团队集成创新了光电比色种子精选技术、种子包衣技术、印刷播种技术，并研制出了超微粉水稻种衣剂、水稻种衣肥、杂交稻单粒定位印刷播种装置及胶水等物化栽培技术产品，具体如下。

1. 光电比色种子精选技术

杂交稻种子发芽率的国家标准仅为80%，离单本机插的要求有很大的差距。因此，需进一步对购买的商品水稻种子进行精选，方能满足单本密植机插技术对种子发芽率高的要求。研究表明，采用光电比色精选种子（图3-1）可去除发霉色变的种子及种子中的米粒、杂质等，精选后的种子（图3-2）的发芽率可提高10%左右。

图3-1 光电比色精选杂交水稻种子

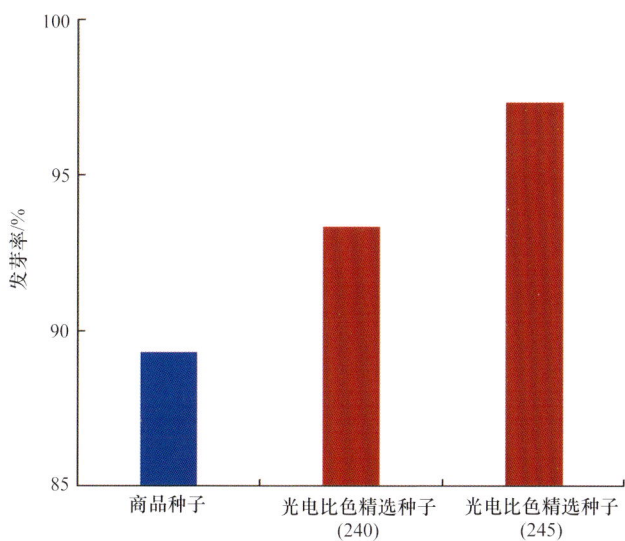

图 3-2　杂交稻商品种子与光电比色精选种子的发芽率

2. 种子包衣技术

种子包衣技术指的是在种子表面包裹一层由杀菌剂、杀虫剂、营养元素、植物生长调节剂、缓释剂、成膜剂等多种成分加工而成的多效药肥复合剂，是一种防病、治虫、消毒、促长等融为一体的种子处理技术（图 3-3）。

图 3-3　杂交稻种子包衣处理

　　为满足单本密植机插技术对种子出苗率和成苗率高的要求，本团队自主研制出了浸种型水稻种衣剂、超微粉型种子包衣剂、种子包衣肥等产品。其中，浸种型水稻种衣剂具有杀虫、杀菌、壮秧等多重功能，能明显促进种子萌发、提高出苗率和成秧率，促进秧苗生长，增强秧苗的抗逆能力（图3-4）。超微粉种子包衣剂具有各组成成分粒径小、比表面积和表面自由能大的特点，可以牢固地黏附在种子表面，遇水能在种子表面自动成膜，活性成分含量高且持效期长，药种质量比高达1:300。此外，该产品还具有生产工艺简单的特点，避免了国内外常用的悬浮型种衣剂采用湿法研磨等繁琐工艺。研究表明，超微粉种衣剂对杂交稻秧苗恶苗病、稻蓟马和稻飞虱的防控效果均在90%以上（图3-5）。种子包衣肥具有缓释肥和种衣剂的双重功能。种子包衣肥中的复合成膜剂能在种子表面形成透气透水性良好的包衣膜，将常量和微量元素、生长调节剂等包裹在种子周围形成一个微型"活性成分膜"。"活性成分膜"中的制氧剂能缓慢提供氧气，保证种子萌发、出苗，促进秧苗矮壮整齐，提高抗逆性及成秧率。

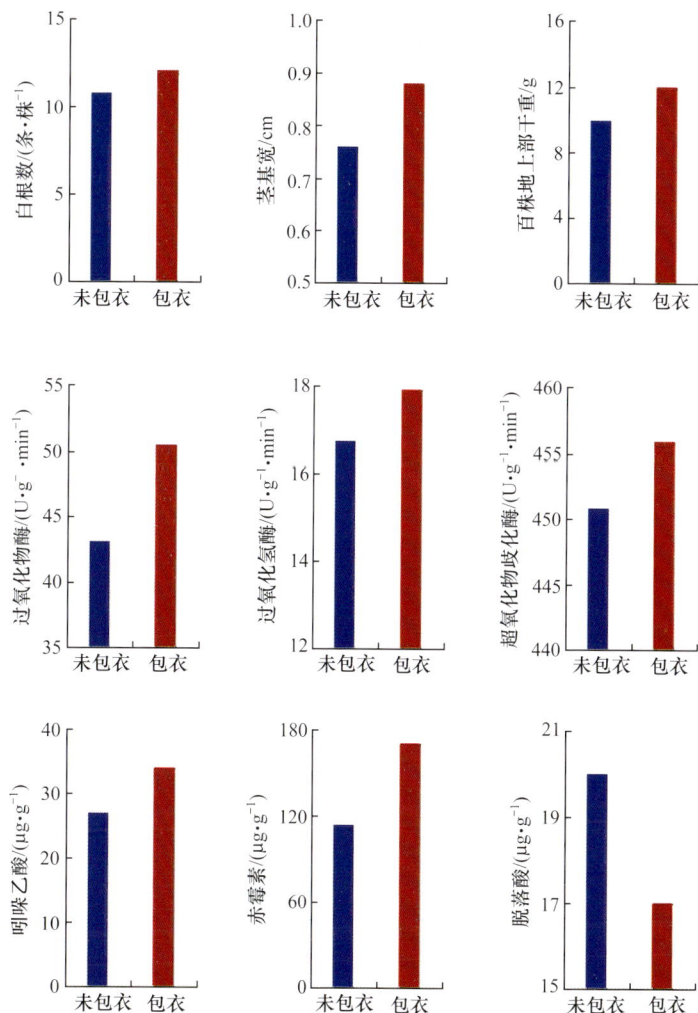

图 3-4　种子包衣处理对杂交稻秧苗生长及抗氧化酶活性和激素含量的影响

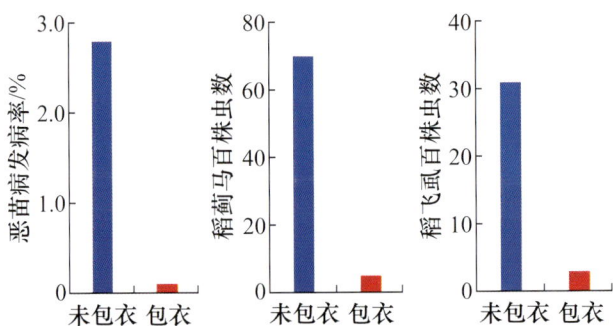

图 3-5　种子包衣处理对杂交稻秧苗病虫的防治效果

3. 印刷播种技术

印刷播种指的是利用印刷播种机将作物种子黏于纸张上的播种技术。淮安汉德农业科技有限公司是水稻印刷播种机的发明者和生产商，其生产的第一代印刷播种机为单幅播种机（图 3-6），主要用于粳稻生产，具有播种均匀的特点，但播种效率低，且不能实现单粒播种。

图 3-6　第一代单幅水稻印刷播种机

为满足单粒定位播种的高要求，本团队与淮安汉德农业科技有限公司开展了多方面的合作，研制出了第二代双幅水稻印刷播种机（HDBZ-600）（图3-7），其最大工作速率可达9 m/min，播种效率高；并根据插秧机取秧位置对播种机的上胶装置进行了重新设计，制造出了适合杂交稻单粒播种的上胶装置；并自主研发出了黏性强、流动性适宜、可降解的印刷播种专用胶水。通过上述改进，目前已可高质量地完成杂交稻的单粒定位播种（图3-8）。

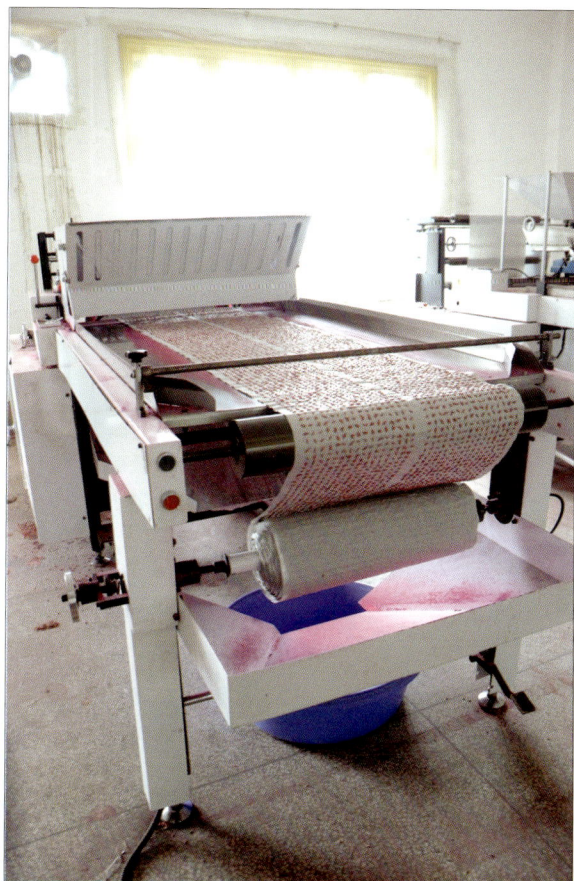

图3-7　第二代双幅水稻印刷播种机（HDBZ-600）

第三章　杂交稻单本密植大苗机插栽培技术

图 3-8 杂交稻单粒定位印刷播种效果

（二）杂交稻单本密植大苗机插栽培的技术要点

杂交稻单本密植大苗机插栽培技术的核心是精准定位播种、旱式育秧、低氮、密植、大苗机插，其技术要点如下。

1. 种子精选

在对商品杂交稻种子精选的基础上，应用光电比色机对商品种子再次进行精选，去除发霉变色的种子、稻米及杂物等，以获得高活力种子。在生产上，杂交稻种子精选后的大田用种量，一般早稻为 19.50 kg/hm² 左右，晚稻为 12.00 kg/hm² 左右，一季稻

为 8.25 kg/hm² 左右。

2. 种子包衣

应用商品水稻种衣剂，或者采用种子引发剂、杀菌剂、杀虫剂及成膜剂等自配的种衣剂，对精选后的高活力种子进行包衣处理，以去除种子病菌和预防苗期病虫危害，提高发芽种子的成苗率和成秧率。经包衣处理后的杂交稻种子，一般播种后 25 d 以内不需要再次进行病虫害防治。

3. 定位播种

使用杂交稻印刷播种机，每盘横向播种包衣处理后的杂交稻种子 16 行（25 cm 行距插秧机）或 20 行（30 cm 行距插秧机），纵向均播种 34～36 行。早稻每穴定位播种 2 粒，晚稻和一季稻定位播种 1～2 粒。边播种边进行纸张卷捆，以便于运输。播种好的纸张可上流水线，即在播种流水线上自动完成装填基质、摆放纸张、覆盖基质、浇水等作业（图 3-9）。

杂交稻单本密植大苗机插栽培技术

图 3 - 9　基于印刷播种的流水线作业

4. 旱式育秧

旱式育秧是指干谷播种、湿润出苗、干旱壮苗的育秧方法，可采用稻田泥浆育秧和简易场地育秧2种方法。

（1）稻田泥浆育秧：选择交通便捷、排灌方便、土壤肥沃、没有杂草等的稻田作秧田。于播种前3~4 d将秧田整耕耙平后撒施45%的复合肥900 kg/hm²。秧床开沟做厢，厢面宽130~140 cm、沟宽50 cm。从田块两头用细绳牵直，四盘竖摆，秧盘之间不留缝隙。把沟中泥浆剔除硬块、碎石、禾蔸、杂草等装盘（手工或泥浆机），盘内泥浆厚度保持1.5~2.0 cm，平铺印刷播种纸张，覆盖专用基质（0.5~1.0 cm）、喷水湿透基质。（图3-10）对于早稻育秧，秧床需要用敌克松或恶霉灵兑水喷雾，预防土传病害。

图3-10　基于泥浆机的稻田泥浆育秧

（2）简易场地育秧：选择平整的稻田、旱地或水泥坪作为育秧场地，可采用软盘或硬盘装填商品基质育秧，也可采用岩棉加编织袋布（或带孔薄膜）构建固定秧床进行分层无盘育秧。其中，分层无盘育秧技术环节如下：① 构建水肥层。在秧床上铺放岩棉，浇水湿透，喷施水溶性肥料（45% 的复合肥 600 kg/hm²）（图 3 - 11），然后再铺放编织袋布（或带孔薄膜）（图 3 - 12）。② 构建根层。在编织袋布（或带孔薄膜）上铺放无纺布，然后再在无纺布上填放专用基质（1.5 ~ 2.0 cm）（图 3 - 13），平铺印刷播种纸张，覆盖基质（0.5 ~ 1.0 cm）（图 3 - 14），上述过程可采用"无纺布—基质—种纸—基质"铺设一体机一次性完成（图 3 - 15）。③ 湿润出苗。在播种的秧床平铺无纺布，浇水湿透种子及基质，保持基质透气、湿润，以利种子出苗。

图 3 - 11　秧床上铺放岩棉、浇水、洒施水溶性肥料

图 3 - 12　岩棉上铺放编织袋布

图 3 - 13　编织袋布上铺放无纺布带及覆盖基质

图 3 – 14　铺放印刷播种纸及覆盖基质

图 3 – 15　"无纺布—基质—种纸—基质"铺设一体机

5. 秧田管理

　　早、中稻用竹片搭拱，薄膜覆盖；一季、双季晚稻用无纺布平铺覆盖，厢边用泥固定，以防风雨冲荡（图3-16）。种子破胸后、出苗前厢面湿润（无水层）（图3-17），出苗后干旱管理炼苗（图3-18）。对于早、中稻，当膜内温度达到35℃以上，揭开两端薄膜通风换气、炼苗；播种后连续遇到低温阴雨时，揭开两端薄膜通风换气，预防病害。对于一季、双季晚稻，当秧苗1叶1心后，揭开无纺布（最迟可到秧苗2叶1心期）。对于双季晚稻，1叶1心期用15%的多效唑粉剂960 g/hm^2，兑清水480 kg细雾喷施，以促进分蘖发生和根系生长。

图3-16 覆盖小拱薄膜或无纺布

图 3 - 17　湿润管理出苗

图 3 - 18　干旱管理炼苗

6. 机械插秧

于插秧前 2 d 平整稻田，当秧龄为出苗后 20 ~ 30 d（或秧苗

4~6叶期)进行插秧(图3-19),机插密度为:早稻36万穴/hm²以上,晚稻30~33万穴/hm²,一季稻24万穴/hm²以上。

图3-19　起秧、运秧、插秧

7. 大田管理

(1)大田施肥:一般氮肥用量早、晚稻为120~150 kg/hm²,

一季稻为 150 ~ 180 kg/hm², 氮磷钾肥按 N∶P₂O₅∶K₂O = 1∶0.4∶0.7 的比例补偿施用。其中, 氮肥分基肥 (50%)、蘖肥 (20%)、穗肥 (30%) 3 次平衡施用; 磷肥全部做基肥施用; 钾肥分基肥 (50%)、穗肥 (50%) 2 次施用。推荐使用以下 2 种方法进行大田施肥。

第一,"三定"(定目标产量、定群体指标、定技术规范) 栽培法。其技术要点为: ① 根据前 3 a 区域平均产量或基础地力产量 (不施肥产量) 确定目标产量。即, 在前 3 a 区域平均产量的基础上增加 15% ~ 20% 的增产幅度作为目标产量, 或按以下公式计算目标产量: 目标产量 = 1.031 × 基础地力产量 + 2.421。② 根据目标产量设计肥料用量 (表 3 - 1)。通过测苗确定具体追肥用量, 即追肥前采用叶色卡测定心叶下一叶中部叶色值 (图 3 - 20), 随机测定 10 片叶, 计算平均值, 当叶色值大于 4.0 时适当少施, 当叶色值小于 3.5 时适当多施。

表 3 - 1 基于目标产量的水稻推荐施肥量

施肥时间		肥料种类	不同目标产量下的施肥量/ (kg·hm⁻²)		
			7.50 t/hm²	8.25 t/hm²	9.00 t/hm²
基肥	插秧前 1 ~ 2 d	尿素	135 ~ 165	150 ~ 180	165 ~ 195
		过磷酸钙	150 ~ 600	525 ~ 675	600 ~ 750
		氯化钾	60 ~ 75	75 ~ 90	90 ~ 105
蘖肥	插秧后 7 ~ 8 d	尿素	60 ~ 90	60 ~ 90	75 ~ 105
穗肥	穗分化始期	尿素	60 ~ 90	75 ~ 105	75 ~ 105
		氯化钾	60 ~ 75	75 ~ 90	90 ~ 105
	倒 2 叶期	尿素	0 ~ 30	0 ~ 30	0 ~ 30

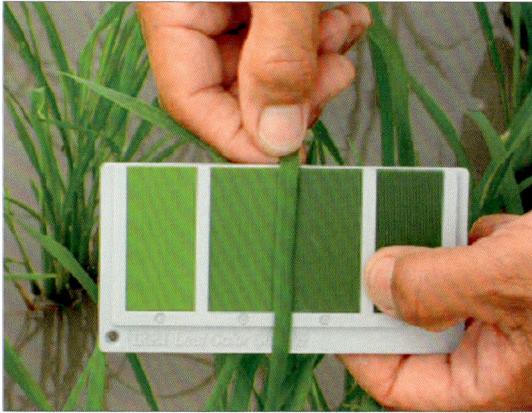

图 3 - 20　水稻叶色值田间测定

第二，同步侧深施肥技术。即在插秧机上安装侧深施肥机，在插秧的同时一次性将肥料定量、定位施入秧苗侧下方泥土中（图 3 - 21）。

图 3 - 21　水稻机插同步侧深施肥作业

（2）大田管水：分蘖期浅水灌溉，当苗数达（240～300）万/hm²时开始晒田，晒至田泥开裂，一周后复水保持干湿灌溉，孕穗至抽穗保持浅水，抽穗后保持干湿灌溉，成熟前一周断水。

（3）大田病虫草害防治：按照当地植保部门病虫情报，确定防治田块和防治适期，对病虫害进行防治。推荐使用翻耕灌深水灭蛹、性信息激素全程诱杀、种植诱杀性植物（香根草）和天敌功能性植物（三叶草、黄秋葵、芝麻等）（图 3 – 22）、稻田养鸭等绿色防控技术。

图 3 – 22　水稻—香根草—黄秋葵绿色防控系统

8. 注意事项

杂交稻具有分蘖能力强、分蘖成穗率高、群体与个体互补性强的显著特点。凡是具有 13 叶及 13 叶以上的杂交稻品种，无论是早稻、中稻还是晚稻均可采用单本密植大苗机插栽培技术。在种子质量、播种质量、育秧技术等到位的情况下可确保出苗整齐，并将机插漏穴率控制在 10% 以内。在实际生产中，若机插漏穴率超过 10%，可适当增加栽插密度，以密度弥补漏穴的损失，实现机插杂交稻的高产高效绿色栽培。

二、杂交稻单本密植大苗机插栽培的技术示范

2016 年以来本团队在浏阳永安、赫山欧江岔、安仁平背、常

宁罗桥、衡南大广等地开展了双季杂交稻单本密植大苗机插栽培技术的生产示范应用，在安乡大渔口、浏阳永安等地进行了一季杂交稻单本密植大苗机插栽培技术的生产示范应用（图 3 - 23）。由湖南省作物学会等组织有关专家测产，百亩示范片早稻平均产量为 7.99 t/hm^2，晚稻平均产量为 8.33 t/hm^2，一季稻平均产量为 10.83 t/hm^2，均比传统栽培增产 10% 以上。另外，本团队同时在湖北、安徽、江西、四川、广西等周边省份对杂交稻单本密植大苗机插栽培技术也进行了示范应用，得到示范用户的普遍好评。2019 年杂交稻单本密植大苗机插栽培技术被列入了农业农村部主推技术。

2018 年以来本团队在浏阳永安、安仁平背、常宁罗桥等地开展了机插稻分层无盘旱育秧（即水肥一体简易场地无盘育秧）的技术示范（图 3 - 24），取得了良好的示范效果。2018 年，湖南省农业农村厅组织全省 60 多个县（市）的合作社或种粮大户在浏阳永安进行了连续 18 期的技术培训（图 3 - 25），并于 2019 年将机插稻分层无盘旱育秧技术列入了湖南省水稻集中育秧技术，在浏阳、湘乡、武冈、常宁、资阳、赫山、衡阳、长沙、邵东、安仁、平江、岳阳、汨罗、安乡、桑植、隆回、溆浦、攸县、芷江、冷水滩、零陵、桃源、汉寿、津市、湘潭、双峰、宁乡、临澧、华容等 30 多个县（市）的双季稻或一季稻生产中进行了较大范围（每县 3 ~ 15 户）、较大面积（6.67 ~ 66.67 hm^2/户）的生产应用。从 2019 年早稻示范效果来看，约有 80% 的示范户播种、秧田管理的技术到位，秧苗生长正常，增产效果明显；约有 20% 的示范户因播种时岩棉、基质浇水不够，导致出苗不整齐，

或因揭膜前秧苗适应性锻炼（炼苗）的时间不够，出现了青枯死苗现象。

图 3-23　杂交稻单本密植大苗机插栽培技术示范

（早稻、晚稻、一季稻）

图 3 - 24　机插稻分层无盘旱育秧（水肥一体简易场地无盘育秧）

示范（水田、旱地、水泥地）

杂交稻单本密植大苗机插栽培技术

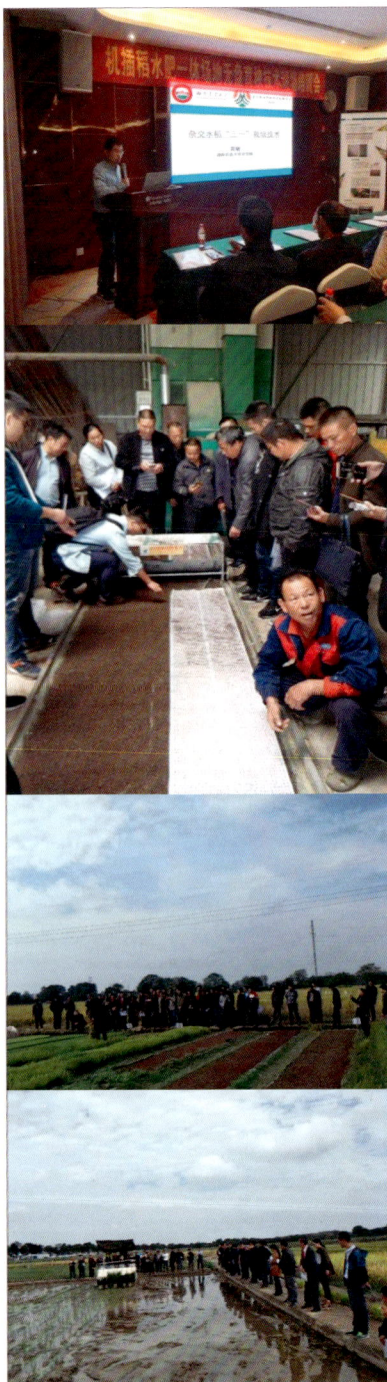

图 3 - 25 机插稻分层无盘旱育秧技术培训现场

三、杂交稻单本密植大苗机插栽培技术的高产原理

为探明杂交稻单本密植大苗机插栽培技术的高产原理，在 2015 年和 2016 年初步研究的基础上，本团队于 2017 年和 2018 年早、晚季在浏阳永安以杂交稻早稻品种陵两优 268、陆两优 996，杂交稻晚稻品种隆晶优 1212、泰优 390 为材料开展大田试验（图 3-26），对单本密植大苗机插与常规机插杂交稻的秧苗素质、产量形成特点、生理特性进行了系统的比较研究。

图 3-26 试验田单本密植大苗机插双季杂交稻长势

试验结果显示，与常规机插相比，单本密植大苗机插杂交稻早季的增产幅度为 7% ~ 17%，平均增幅为 10%；晚季的增产幅度为 8% ~ 16%，平均增幅为 11%（图 3 – 27）。单本密植大苗机插杂交稻获得高产与其具有秧苗素质优势、壮秆大穗优势和后期光合优势有关。

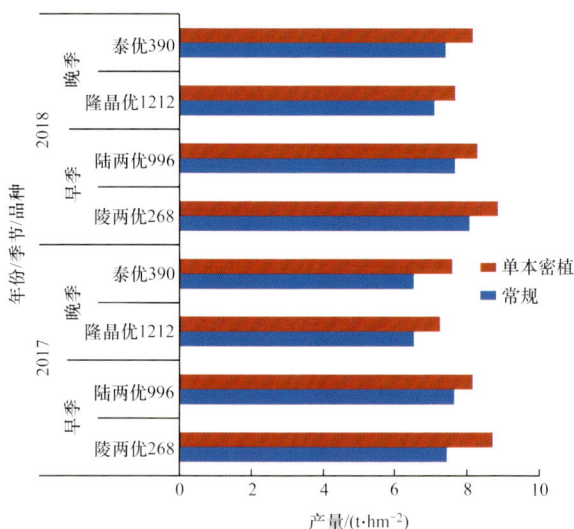

图 3 – 27　单本密植大苗机插与常规机插双季杂交稻的产量

（一）秧苗素质优势

单本密植大苗机插杂交稻由于播种方式的改进（稀播、匀播）使得其秧苗素质明显高于常规机插杂交稻（图 3 – 28）。试验结果显示，无论是早季还是晚季，单本密植大苗机插杂交稻秧苗的秧龄、株高、茎基宽和单株地上部干重均高于常规机插杂交稻秧苗（图 3 – 29）。其中，单株地上部干重的早季平均增幅为 58%，晚季平均增幅为 53%。单本密植大苗机插杂交稻秧苗的单株总根数、单株白根数和单株根干重也均明显高于常规机插秧苗

（图 3 - 30）。其中，单株根干重的早季平均增幅为 78%，晚季平均增幅为 50%。

图 3 - 28　单本密植大苗机插（右）与常规机插（左）

杂交稻秧苗的生长情况

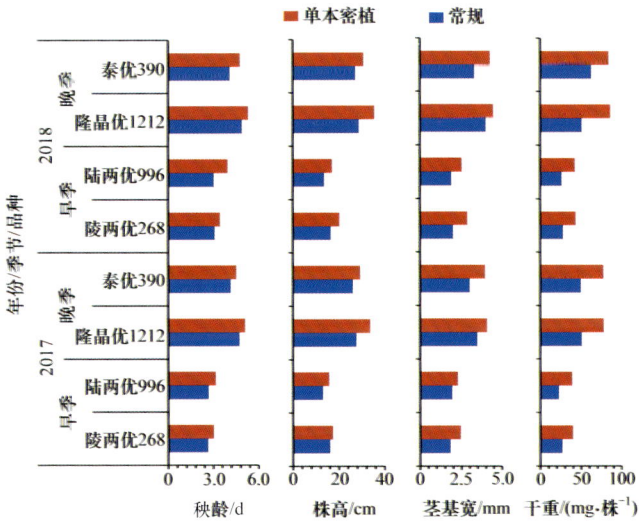

图 3 - 29　单本密植大苗机插与常规机插双季杂交稻秧苗的

地上部特性

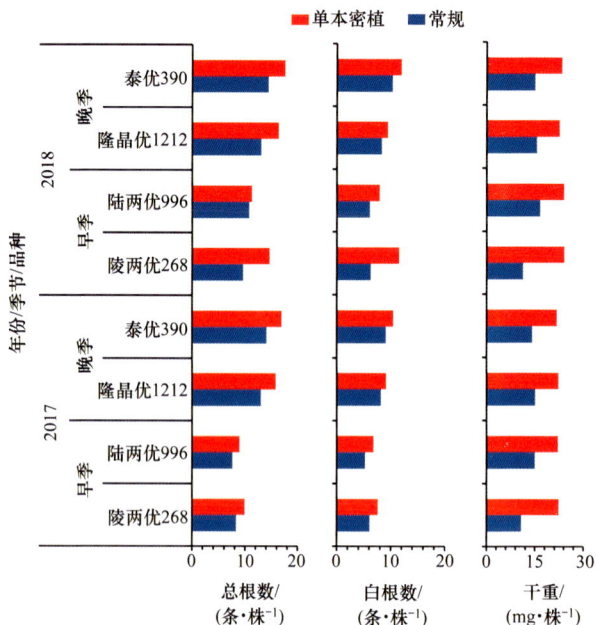

表 3 - 30　单本密植大苗机插与常规机插双季杂交稻秧苗的根系特性

（二）壮秆大穗优势

单本密植机插栽培杂交稻技术可提高其成穗率，进而有利于其形成壮秆大穗的群体。试验结果显示，无论是早季还是晚季，单本密植大苗机插杂交稻的单茎重和每穗粒数均高于常规机插杂交稻（表 3 - 31）。其中，单茎重的早季平均增幅为 37%，晚季平均增幅为 34%；每穗粒数的早季平均增幅为 53%，晚季平均增幅为 36%。从穗下节间横切面来看，单本密植大苗机插杂交稻的大、小维管束数量均高于常规机插杂交稻（图 3 - 32）。其中，大维管束数量的早季平均增幅为 12%，晚季平均增幅为 22%；小维管束数量的早季平均增幅为 10%，晚季平均增幅为 25%。从穗部性状来看，单本密植机插杂交稻与常规机插杂交稻穗长的差异相对较小，但其着粒密度明显高于后者（图 3 - 33）。其中，着粒密

杂交稻单本密植大苗机插栽培技术

度的早季平均增幅为 59% ，晚季平均增幅为 51% 。此外，单本密

植杂交稻枝梗数特别是二次枝梗数明显高于常规机插杂交稻（图

3 - 33），其中二次枝梗的早季平均增幅为 84% ，晚季平均增幅

为 66% 。

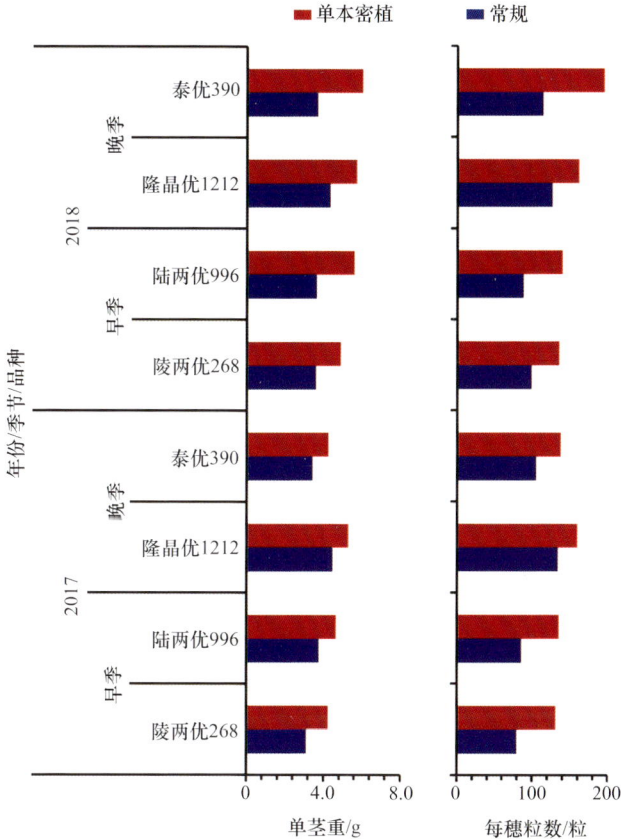

图 3 - 31　单本密植大苗机插与常规机插双季杂交稻的单茎重和每穗粒数

杂交稻单本密植大苗机插栽培技术

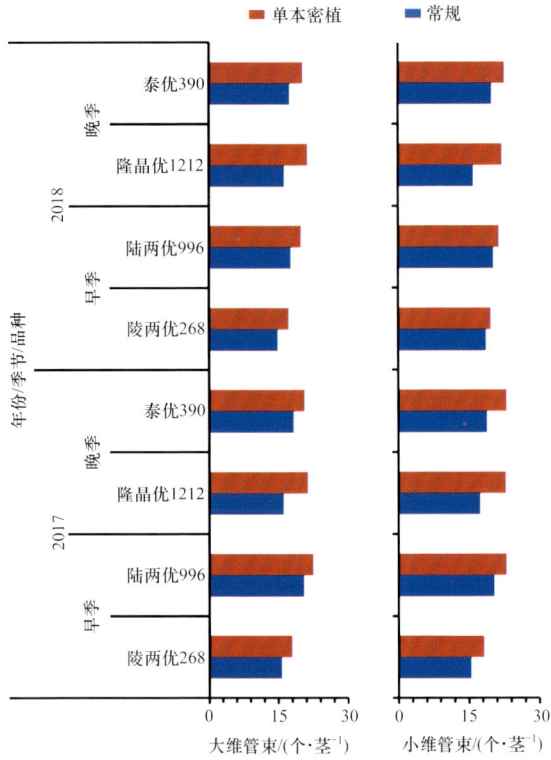

图 3-32　单本密植大苗机插与常规机插双季杂交稻的
穗下节间大、小维管束数

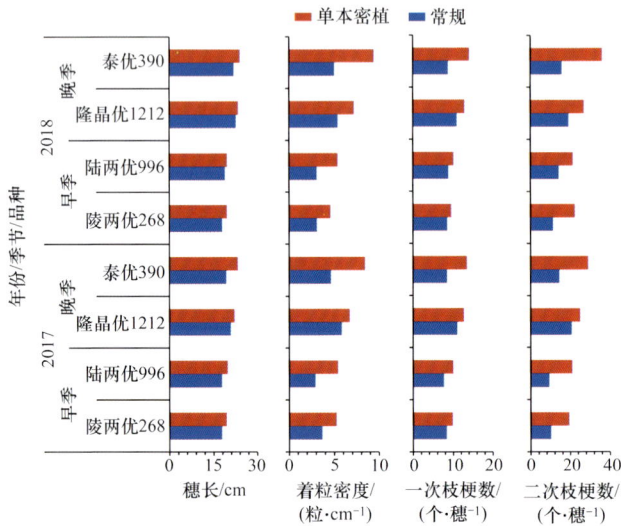

图 3-33　单本密植大苗机插与常规机插双季杂交稻的穗部性状

（三）后期光合优势

单本密植机插栽培技术可改善后期群体结构及群体内通风、透光情况，进而有利于提高作物后期的光合能力。试验结果显示，单本密植大苗机插杂交稻抽穗期的叶面积指数小于常规机插杂交稻，但其高效叶面积率和剑叶净光合速率高于常规机插杂交稻。其中，高效叶面积率的早季平均增幅为8%，晚季平均增幅为5%；剑叶净光合速率（以 CO_2 的物质的量计量）的早季平均增幅为13%，晚季平均增幅为18%（图3－34）。单本密植机插杂交稻抽穗后的剑叶 SPAD 值高于常规机插杂交稻（图3－35），其中早季平均增幅为5%，晚季平均增幅为7%。

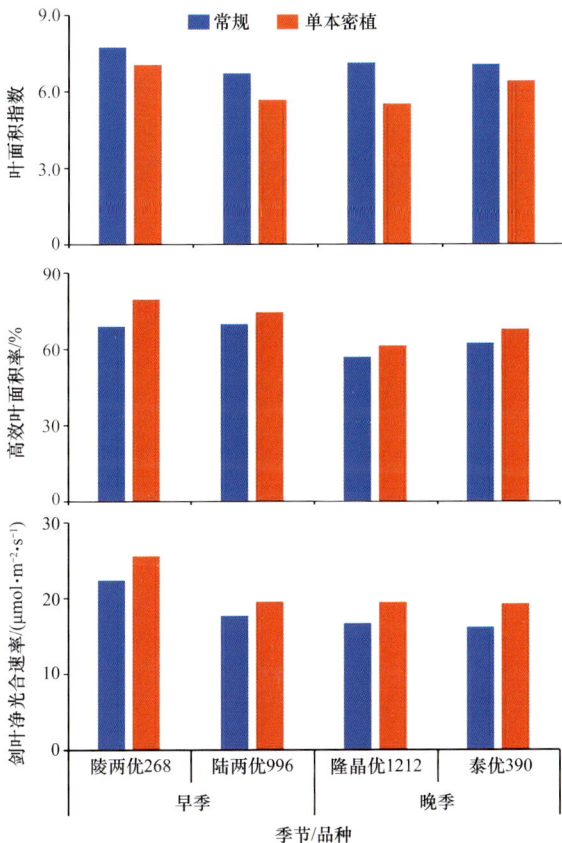

图3－34　单本密植大苗机插与常规机插双季杂交稻的抽穗期叶片性状（2018年）

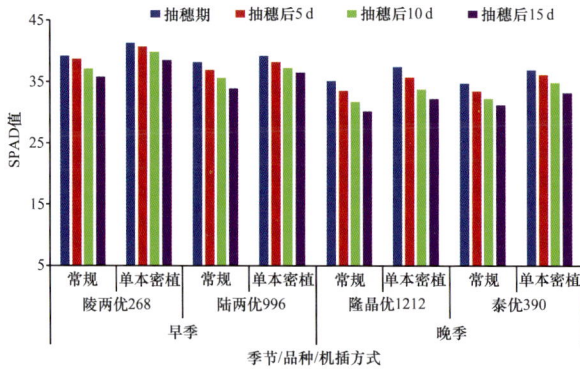

图 3 - 35　单本密植大苗机插与常规机插双季

杂交稻的剑叶 SPAD 值（2018 年）

第四章
关于推进杂交稻
商品化育秧的思考

中国人多地少，发展基于水稻种植的多熟制作物生产是保障国家粮食安全的重要举措。近年来，农村劳动力尤其是青壮年劳动力加速向城镇转移，使得从事水稻生产的劳动力缺乏，进而促使传统的分散型种植方式逐步向规模化、机械化、信息化的水稻生产方式发展，以及形成种植大户、专业性服务组织。

水稻商品化育秧，即以商品交换的方式将育成的水稻秧苗销售给农户种植，是近年形成的一项专业农业服务。虽然水稻商品化育秧已在多地进行了推广应用，但由于生产成本高等问题，它的发展并未形成规模。为进一步推进中国杂交水稻商品化育秧的发展，本节探讨了杂交水稻商品化育秧的必要性及可行性，并提出了基于分层无盘旱育秧技术的杂交水稻商品化育秧新方法。

一、杂交稻商品化育秧的必要性

（一）保障国家粮食安全的需要

中国水稻栽培历史悠久。两千年前的东汉时期就开始应用育秧移栽，通过育秧以延长生育期的方法扩大水稻的种植范围。到了明清时期，从北方引种到南方种植，水稻生育期缩短，同时配套育苗移栽种植，发展一年两熟水稻种植。1949年以后，湿润育秧、旱育秧、设施育秧等育秧技术不断完善，育秧移栽已成为中国水稻生产的主要栽培方式。近年来，由于从事水稻种植的劳动力缺乏、人工劳动成本刚性增加，促使水稻生产发生"三改"，即移栽稻改直播稻、双季稻改单季稻、杂交稻改常规稻，且面积逐年扩大，与中国人多地少的基本国情形成了鲜明的反差，危及了口粮安全乃至粮食安全，不容小觑。

水稻直播栽培在生长期不受限制的条件下，与移栽稻产量差异不大。但是，不论是早稻、晚稻还是一季稻，直播栽培条件下生育期要缩短 25～30 d，难免减产。长江流域地区双季稻采用直播栽培，季节矛盾突出，导致生育期缩短，加之早稻出苗不整齐、晚稻开花期冷害、杂草（落粒谷）难以控制等，产量必然低于育秧移栽。

长江流域地区改双季稻为一季稻，开花期常会遇到高温危害，结实期常会遇到台风或热带风暴危害从而引起倒伏，难以获得高产。一般来说，在长江流域以南海拔 300 m 以下地区种植一季稻，仅仅比双季晚稻产量增加 1500～2250 kg/hm²，比双季稻减产 4500～5250 kg/hm²。

虽然杂交稻一般比常规稻增产 10% 以上，但鉴于直播稻及传统机插稻用种量大，杂交稻种子价格高，为降低生产成本，农民开始选择常规稻品种种植。

（二）提升水稻生产能力的需要

育秧移栽可延长水稻生育期（秧龄期），有利于发展基于水稻种植的多熟制作物生产，具有易控制杂草、减少水稻生长前期肥料（氮肥）流失、增强水稻后期抗倒伏能力等优点，有利于实现水稻稳产、高产。由于水稻分散育秧耗工耗时，机插稻的育秧技术要求高，农民开始放弃育秧移栽而选择省工简便的撒直播栽培方法。尽管直播稻存在杂草及鸟害防治难、整地开沟要求高、出苗不整齐等问题，但节省了育秧的环节，操作简便，加之化学除草和机械收割的广泛应用，生产上水稻直播栽培已得到快速发展。当然，该技术也带来了新问题，比如，20 世纪 80 年代以来，位于洞庭湖区的南县、鼎城、沅江等县（区）早稻生产开始采用直播栽培，由于直播稻的除草剂用量大、施用次数多，部分多年采用直播栽培的稻田里鳝鱼、泥鳅、青蛙、蚯蚓等生物几乎灭绝，严重制约了稻田土壤的自我修复能力。

机插秧栽培比直播栽培省工、节本、增产。与移栽比较，直播栽培整地质量要求高、除草难度大，生育期缩短会导致减产，高产条件下直播稻比移栽稻容易发生倒伏，表明直播栽培并不能真正省工高效。农民选择直播栽培是考虑其简便实用的技术。开展商品化育秧，集成应用成熟的简易场地无盘育秧技术、精量播种技术及种子处理技术，可大幅度减少杂交稻种子用量。农民花费购买杂交稻种子相同的金额能购买到杂交稻秧苗，既省去育秧的麻烦，又节省了育秧成本。

二、杂交稻商品化育秧的可行性

（一）商品化育秧技术已日渐成熟

湖北、江苏、湖南等省于20世纪70年代末开展了多种多样的工厂化育秧和机插配套的试验示范，实现了机械化厂房无土育秧—机播—机插的配套。设施育秧是近年来根据机插秧栽培需要发展起来的新技术。各地设计了高度自动化的智能温室用于水稻育秧，铺底土、浇水、播种、覆土等均实现了自动化操作。工厂化育秧和设施育秧不仅能保证育秧技术和质量，还能提高育秧物资的利用率，满足专业化、商品化育秧的需要。但由于机插稻种子用量大，商品基质价格高，需要育秧大棚等专用育秧设施，导致机插稻尤其是机插杂交稻发展缓慢。与设施育秧相比，水稻场地育秧不仅操作方便，而且可大幅度降低成本，满足水稻规模化、机械化生产的需要。

（二）商品化育秧技术可降低成本

分层无盘旱育秧技术（即水肥一体简易场地无盘育秧技术）与印刷定位播种技术结合应用，解决了机插杂交稻用种量大、秧龄期短、秧苗素质差、双季稻品种不配套等技术难题，为开展杂交水稻商品化育秧及专业化服务提供了技术支撑。利用保水材料构建水肥一体化的固定秧床，简化了机插水稻的育秧程序，可大幅降低育秧成本。分层无盘旱育秧技术育秧机插杂交稻大田种子及育秧成本为 1800 ~ 2250 元/hm²（其中，大田杂交稻种子及育秧成本为 1200 ~ 1500 元/hm²，基质及无纺布成本为 300 ~ 375 元/hm²，人工费用及机械折旧为 150 ~ 225 元/hm²，保水材料折旧及场地费用约为 150 元/hm²），机插费用为 1200 ~ 1500 元/hm²，即大田育插秧费用合计为 3000 ~ 3750 元/hm²，比传统机插水稻的育、插秧成本减少了 50% 以上。

此外，分层无盘旱育秧技术操作方便，安全高效，可在稻田、山坡地、水泥坪等地进行育秧，育秧基质可就地取材（土壤、稻壳炭），培育的秧苗既可机械栽插，也可手工栽插，可满足不同生产规模种植户的需要，其秧龄期可延长至 30 d 以上。

应用分层无盘旱育秧技术进行商品化育秧，农民只需要花购买杂交稻种子的钱即可购买到秧苗，常规稻秧苗则更便宜。对于水稻散户种植，为省去育秧的麻烦，可使其恢复水稻育苗移栽，从而有效遏制直播稻、一季稻的发展。

图书在版编目（CIP）数据

杂交稻单本密植大苗机插栽培技术／黄敏，邹应斌著. —长沙：中南大学出版社，2019.12
ISBN 978 - 7 - 5487 - 3896 - 1

Ⅰ.①杂… Ⅱ.①黄… ②邹… Ⅲ.①水稻插秧机—杂交—水稻栽培 Ⅳ.①S511

中国版本图书馆 CIP 数据核字(2019)第 273171 号

杂交稻单本密植大苗机插栽培技术
ZAJIAODAO DANBEN MIZHI DAMIAO JICHA ZAIPEI JISHU

黄　敏　邹应斌　著

□责任编辑	刘锦伟	
□责任印制	易建国	
□出版发行	中南大学出版社	
	社址：长沙市麓山南路	邮编：410083
	发行科电话：0731 - 88876770	传真：0731 - 88710482
□印　　装	湖南鑫成印刷有限公司	

□开　　本	710×1000　1/16　□印张 4.25　□字数 48 千字	
□版　　次	2019 年 12 月第 1 版　□2019 年 12 月第 1 次印刷	
□书　　号	ISBN 978 - 7 - 5487 - 3896 - 1	
□定　　价	46.00 元	